中国古树名木（上）

国家林业和草原局生态保护修复司
国家林业和草原局宣传中心 ◎编

中国林业出版社
China Forestry Publishing House

前言

　　中国是世界上生物多样性最丰富的国家之一，是世界上唯一具备几乎所有生态系统类型的国家。丰富的生物多样性不仅是大自然馈赠给中国的宝贵财富，也是全世界人民的共同财富。

　　党的二十大对新时代新征程生态文明建设作出了重大决策部署，对建设人与自然和谐共生的现代化作出了重要战略安排。大自然是人类赖以生存发展的基本条件。尊重自然、顺应自然、保护自然，是全面建设社会主义现代化国家的内在要求。必须牢固树立绿水青山就是金山银山的理念，站在人与自然和谐共生的高度谋划发展。为了让更多人了解中国生态保护所做的努力，使生态保护、人与自然和谐共生的理念深入人心，国家林业和草原局宣传中心组织编写了"林业草原科普读本"，包括《中国国家公园》《中国草原》《中国自然保护地》《中国湿地》《中国林草应对气候变化》《中国国有林场》《中国经济林》《中国林草防火》等分册。

为传播推广古树名木保护理念，普及古树名木保护知识，守护好古树名木资源，本书从科普角度介绍了古树名木的定义和分级、资源状况、宝贵价值、保护意义、养护复壮、保护轶事、保护新模式等，希望能和公众一起探寻那些充满神奇故事的古树，聆听古树之音，捕捉古树之美，延续古树之魂。

编者

2024 年 4 月

目录

第六章

古树名木保护轶事

第七章

古树名木保护新模式

四川省成都市武侯祠古旱莲　约110年（赵元刚　摄）

第一章
古树名木的定义和分级

　　古树名木，在其漫长的生长过程中，伴随并见证着人类社会的不断进步，或与人类的历史文化同步发展，或与人类的民俗文化相交融。正是因为它们具有丰富的文化内涵，才使得众多古树保存至今。

01 古树名木的定义

古树，指树龄在 100 年以上的树木。

古树群是指一定区域范围内相对集中生长、形成特定生境的古树群体。在操作过程中，古树个体数量达 20 株，且密度不小于 20 株／公顷，可认定为古树群。

北京市天坛公园迎客柏　约 620 年

003

名木，指具有重要历史、文化、科学、景观价值或具有重要纪念意义的树木，主要包括：国家领袖人物、外国元首或著名政治人物所植树木；国内外著名历史文化名人、知名科学家所植或咏题的树木；分布在名胜古迹、历史园林、宗教场所、名人故居等，与著名历史文化名人或重大历史事件有关的树木；列入世界自然遗产或世界文化遗产保护内涵的标志性树木；树木分类中作为模式标本来源的具有重要科学价值的树木。

安徽省黄山市黄山迎客松　约 1000 年（郑耀德　摄）

02 古树名木的分级

　　我国古树名木的分级有两种方法。

　　依据原国家林业局颁布的《古树名木鉴定规范》（LY/T 2737—2016），古树分为三级：树龄

500 年以上的树木为一级古树；树龄在 300~499 年的树木为二级古树；树龄在 100~299 年的树木为三级古树。名木不受树龄限制，一般不分级。

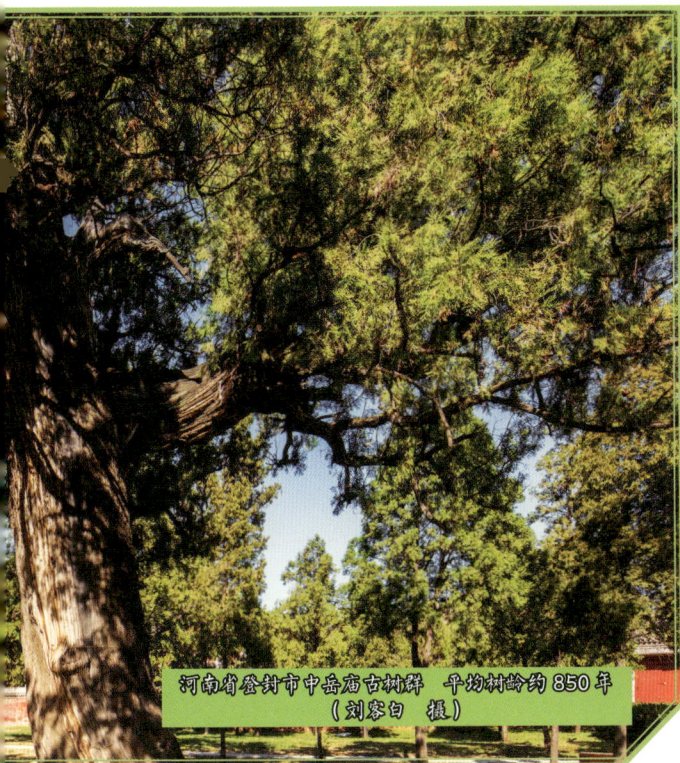

河南省登封市中岳庙古树群 平均树龄约 850 年
（刘察白 摄）

依据中华人民共和国原建设部颁布的《城市古树名木保护管理办法》，古树名木分为两级：凡树龄在300年以上，或者特别珍贵稀有，具有重要历史价值和纪念意义、重要科研价值的古树名木，为一级古树名木；其余为二级古树名木。

在省（自治区、直辖市）层面，北京、海南采用两级分类，浙江、山东、四川等采用三级分类，广西、陕西采用四级分类。

据悉，正在制定的中华人民共和国《古树名木保护条例》将对我国古树名木保护分级做出统一规定。

陕西省延安市黄陵县黄帝手植柏 约 5000 年

北京市房山区上方山古树群 平均树龄约 110 年
（黄海京 摄）

第二章
我国古树名木资源状况

体现一个国家历史是否悠久、社会是否文明，其显著标志就是看其历史文物数量、年代和保存的程度。古树作为一种活的文物，便是一个很好的例证。从陕西黄陵县轩辕庙5000年前的黄帝手植柏，到天坛、地坛、日月坛、景山、北海、颐和园保存的众多古树；从毛泽东主席提出"植树造林、绿化祖国"，到习近平总书记提出"绿水青山就是金山银山"，充分说明了保护生态环境的优良传统在代代传承。

01　古树名木数量

　　我国古老的文化、辽阔的大地、多样的地貌、不同的气候、丰富的植被，孕育了众多的古树名木。据全国绿化委员会办公室于 2022 年 9 月公布的第二次全国古树名木资源普查结果：普查范围内我国古树名木共计 508.19 万株。包括散生 122.13 万株和群状 386.06 万株；分布在城市的有 24.66 万株，分布在乡村的有 483.53 万株。

北京市故宫蟠龙槐　约 200 年

浙江省绍兴市会稽山古香榧群 平均树龄约286年
（姚蔚妮 摄）

群状古树分布在 18585 处古树群中；散生古树名木中，古树 121.4865 万株、名木 5235 株、古树且名木 1186 株，数量较多的树种有樟树、柏树、银杏、松树、国槐等。全国散生古树的树龄主要集中在 100~299 年，共有 98.75 万株，占比 81.2%；树龄在 300~499 年的有 16.03 万株，占比 13.2%；树龄在 500 年以上的有 6.82 万株，占比 5.6%，其中 1000 年以上的古树有 10745 株，5000 年以上的古树有 5 株。

普查结果显示，全国散生古树名木，按权属分，国有 18.23 万株，集体 90.97 万株，个人 12.41 万株，其他 0.52 万株；按生长环境分，良好的有 96.98 万株，中等的有 18.04 万株，差的有 6.85 万株，极差的有 0.26 万株；按长势情况分，正常的有 103.73 万株，衰弱的有 15.77 万株，濒危的有 2.63 万株。

02　古树名木分布

　　我国古树名木散布于城市和乡间。古树名木的种类、数量、分布因各地生境及保护力度的不同也有所差异。第二次全国古树名木资源普查范围覆盖 31 个省（自治区、直辖市）和新疆生产建设兵团，不包括

自然保护区和东北、内蒙古、西南、西北等地的国有林区以及台湾省和香港、澳门特别行政区。普查结果显示：我国古树名木资源最丰富的省份为云南，超过 100 万株，陕西、河北超过 50 万株，河南、浙江、山东、湖南、内蒙古、江西、贵州、广西、山西、福建超过 10 万株。

陕西省汉中市勉县旱莲古树　约 310 年

　　古树分布广泛，大多集中分布在寺院、庙宇等古刹胜迹之地，如北京的潭柘寺，陕西勉县的武侯祠，河南登封的中岳庙等；在生产经营活动频繁的居住区、路旁、院宅中，古树多呈散生分布，常被人们尊为"风水树"而保留下来，有的

甚至被奉为"神木";在自然保护地、自然山林中,古树处于比较稳定的原生环境条件,多呈群生状态;还有一些古树生长在人迹罕至的深山,正等待着我们去寻找和发现。

内蒙古自治区额济纳旗胡杨古树群　平均树龄约190年

03 古树名木保护法律法规

我国古树名木受法律保护。《宪法》第九条第二款规定"保护珍贵的动物和植物"；《森林法》第四十条规定"国家保护古树名木和珍贵树木，禁止破坏古树名木和珍贵树木及其生存的自然环

河南省登封市中岳庙古树群 平均树龄约 850 年（刘寒白 摄）

境";《环境保护法》第二十九条规定各级人民政府对古树名木应当采取措施予以保护，严禁破坏；《城市绿化条例》要求"对城市古树名木实行统一管理，分别养护"，"严禁砍伐或者迁移古树名木"。

《刑法》第三百四十四条规定"违反国家规定，非法采伐、毁坏珍贵树木或者国家重点保护的其他植物的，或者非法收购、运输、加工、出售珍贵树木或者国家重点保护的其他植物及其制品的，处三年以下有期徒刑、拘役或者管制，并处罚金；情节严重的，处三年以上七年以下有期徒刑，并处罚金。"《最高人民法院、最高人民检察院关于适用〈中华人民共和国刑法〉第三百四十四条有关问题的批复》（2020年）中明确"古树名木以及列入《国家重点保护野生植物名录》的野生植物，属于刑法第三百四十四条规定的'珍贵树木或者国家重点保护的其他植物'。"

目前，17 个省份及部分城市出台了古树名木保护相关地方性法规或管理办法，如《北京市古树名木保护管理条例》《河北省古树名木保护办法》《海南省古树名木保护管理规定》等。标准规范方面，全国已建立起了覆盖普查、鉴定、复壮、管护等全过程的技术标准体系，不断提升古树名木保护法治化、规范化水平。

陕西省延安市黄陵县古柏群 平均树龄约 900 年

04 古树名木保护范围

　　2018 年，国家林业和草原局发布《古树名木管护技术规程》（LY/T 3073—2018），明确要求古树名木保护范围应为树冠垂直投影外延 5 米范围内。

海南省三亚市大小洞天南山不老松群　平均树龄约 500 年

第三章
古树名木的价值

　　古树名木记录着时空的变迁，蕴藏着文明的记忆，是历史的见证，是珍贵的自然和人文资源，具有重要的历史价值、文化价值、生态价值、科学价值、景观价值和经济价值等。

01 历史价值

　　古树名木历经沧桑，是历史信息的记录者和传递者。历史上很多都城迁移、重大事件的发生都和自然环境及气候变化有关。明代初期，由于连年战争和灾荒，各地人口大减，新建立的明王朝为充实地区人口，组织了大规模人口迁徙。经过长途迁徙定居的移民，为纪念定居创业、追忆故乡或宗族立祠而栽植树木，后人因这类树木所具有的文化内涵而善加保护，使之保存至今，成为历史人口迁徙的重要见证，如山西洪洞大槐树。古树名木还是特定历史时期的见证者，在深圳仙湖植物园邓小平同志视察南方期间种植的高山榕，就是改革开放时代精神的象征，也是这一历史进程的记录者和传递者，具有重要的历史纪念意义。

广东省深圳市仙湖植物园邓小平手植高山榕　32年

02　文化价值

古树名木是民族和地域文化的重要标志，每一棵古树名木都与它生长时期的政治、经济、文化以及艺术审美等有着密切关联，铭刻时代印记。

有的古树名木被赋予人文情怀，是历代文人墨客吟诗作画的重要主题，如"扬州八怪"中的李鱓曾绘名画《五大夫松》，是泰山名木的艺术再现；闽南地区的榕树常被看作长寿的象征，在修筑公路

云南省西双版纳傣族自治州勐海县古榕树 约1000年

时遇到榕树均绕道而筑；龙虎山天师府的"七星古樟"，7棵古樟树如北斗七星状排列，分别命名为阳明、阴精、真人、玄冥、丹元、北极、天关，被视为吉祥的征兆。散生于街巷、景区、庙宇、祠堂、路旁或村落内外的古树名木，与民俗文化、宗教融为一体，蕴藏着丰富的文化价值。

湖南省永兴县寿佛樟　约1110年（曹黎明　摄）

广西壮族自治区阳朔县大榕树 约1500年
(雷志岚 摄)

03 生态价值

一棵古树的树冠覆盖面积从几十平方米到几万平方米不等，不但能固碳释氧、保持水土，还能调节空气温度和湿度、阻滞尘埃、降低噪音，甚至还能吸收某些有害物质。古树营造的小气候、土壤环境为其周边生物提供了相对完整的生态系

广东省江门市新会区小鸟天堂大榕树 约410年
（黄永照 摄）

统，为鸟类、昆虫和微生物提供了舒适的家园，他们之间相互依存、互为影响，在生物多样性维护和生态系统保护中发挥着至关重要的作用。如位于广东省江门市新会区天马村天马河中的"小鸟天堂"，水榕树独木成林，枝叶覆盖面积超20亩，为105种鸟类提供生存场所，人们在这里共记录到359种维管植物和200余种野生脊椎动物。

04 科学价值

古树蕴藏着珍贵的物种资源，为植物群落传承存储了优秀的遗传基因，是开展杂交育种的最好母本。20世纪40年代前，国际上认为水杉与恐龙一样已经绝迹。然而，我国学者在湖北利川发现了600多年的古树——水杉，轰动了国际植物学界。经过数十年的研究推广，水杉已成为我国平原地区种植最广的树种之一。此外，古树对当地光热水土条件有极强的适应性，是树种规划和选择的可靠依据；古树作为自然标本刻录着当地气候、水文、植被、环境的变迁情况，可为众多领域的研究提供科学依据。比如风调雨顺的年代，树木长得快，年轮就会宽一些，而遇到虫害、旱灾、冻害等不利条件，则反之。我国西藏解放前没有气象站，科学家通过分析树木年轮，了解到1900年以来有过两次大降温。科学家能根据古树年轮的生长变化，推测出它所处的这片地区以前经历过哪些自然灾害、气候变迁。

江西省遂川县楠木王　约 1000 年（邓福财　摄）

北京市顺义区"夫妻"银杏 约910年（谢平 摄）

05 景观价值

古树名木和山水、建筑一样具有景观价值，是一种重要的风景旅游资源。古树名木或以其古朴虬曲、奇异姿态，自成绝妙佳景，吸引中外游客游览观赏；或与山川、古建筑、园林融为一体，成为名胜古迹不可或缺的组成部分。它们以其神奇、苍劲、伟岸、繁茂等特色形成独特而具有强烈震撼力的景观，超越时间、空间局限且不可复制。如黄山的"迎客松"、泰山的"卧龙松"，北京天坛公园的"九龙柏"、北海公园的"遮阴侯"、戒台寺的"九龙松"和"自在松"等。

山东省泰安市泰山姊妹松　左约 600 年，右约 450 年（米慧霞　摄）

06 经济价值

古树的叶、花、果实、种子可供食用或药用，如古樟、古银杏、古松、古槐均能提供大量果实，可用于育苗或药用、食用，具有直接经济价值。在浙江诸暨赵家镇榧王村，一棵树龄 1300 多年的香榧树，最高年产香榧达 750 千克。古香榧集食用、药用、油用、观赏于一体，成为会稽山区广大农民的重要收入来源。在有"中国板栗之乡"美誉的北京怀柔，一棵 700 多年的栗树至今保留着原生板栗的"老味道"，粗大的树干裂为三部分，落地支撑后又分为三株

北京市怀柔区栗树王 约 700 年

云南省西双版纳傣族自治州勐海县古榕树　约 1000 年

再生长，并发展成怀柔九渡河镇境内黄花城水长城景区内的明代板栗园，带动乡村产业和旅游经济发展。在西双版纳傣族自治州勐海县打洛镇边境贸易区曼掌寨，一棵1000年左右的古榕树以34个根立于地面，树高50多米，冠幅面积2000多平方米，如同一道绿色屏障，成为热带雨林中的一大奇观，并发展为云南4A级景区，带动当地旅游住宿、餐饮发展和特色农产品销售。

福建省南平市建瓯市沉水樟古树群 约670年（黄溪 摄）

第四章
古树名木保护的意义

　　古树名木树龄长、形态美、历史文化价值高，是自然界留给人类的珍贵财富，也是人类文化的重要组成部分。加强古树名木保护，有利于传承历史、传递文化，有利于促进经济社会与生态文明协调发展。

01 爱树护树，为民利民

古树多冠大荫浓，是生态系统中的重要组成部分，能够为鸟类及其他小动物提供栖息、繁殖和觅食的场所，还可以吸收二氧化碳，释放氧气，净化空气，保持水土，保护生态平衡。古树名木的树干、树皮、树叶、花、果等都是生态系统中的重要资源，可以为生态系统提供养分，促进生态系统的健康发展。如果不保护好古树名木，它们可能会被砍伐、破坏，甚至死亡，从而导致生态系统破坏和生态环境恶化。爱树护树，为民利民，保护古树名木利在当代，功在千秋。

北京市怀柔区汉槐　约 2000 年（赵衿艺　摄）

02　传承历史，传递文化

　　世事沧桑，朝代更替，古树名木阅尽人间悲欢，承载人类情感需求，反映当地历史文化、风俗、信仰等，常被人们奉为"神树"，伴有优美的传说、神奇的历史故事及历代文人的题咏或画作，是历史文化的载体和重要组成内容。保护古树名木，就是保存一部生动的史书，就是传承中华优秀传统文化。

北京市门头沟区潭柘寺秋色（金祖平　摄）

03 促进经济，助力科研

　　古树名木是重要的景观和旅游资源。古树名木以其独特的形态、蕴含的历史文化和重要的生态科普价值吸引游客，从而带动住宿、餐饮和特色产品销售等，进而可以促进农民增收致富、助力乡村振兴。近年来以古树为主题建设的古树保护小区、古树公园、古树社区、古树街巷、古树村庄、古树庭院等已成为旅游新热点和打卡地。古树优秀的遗传基因、所镌刻着的时光印记是宝贵的科研资料，可助力基因扩繁及水文、地理、气候、植被变迁等诸多科学研究。

北京市昌平区古青檀树 约 3000 年

浙江省诸暨市香榧王　约 1360 年

第五章
古树名木的管护

古树名木是公认的活文物，其价值是一般树木所不可比拟的。但由于树龄大，存在树体生长势逐渐衰弱、根生长力减退、枯枝数目增多、抗逆性差、极易遭受不良因素的影响，或遭受人为破坏直至死亡等问题。为此，对古树名木的管理工作要认真细致，为古树名木创造良好的生长环境。

01 古树名木日常养护

养护责任人负责对古树名木开展日常养护。日常养护主要包括日常巡护、补水与排水、设施维护、应急排险等措施。

北京市门头沟区戒台寺五大名松之九龙松　约 1010 年

辽宁省鞍山市香岩寺蟠龙松　约 1300 年（王明辉　摄）

02 古树名木专业养护

　　古树名木主管部门负责对生长势衰弱、濒危的古树名木，或生长环境中等、差，或虫害、病害等级处于重、严重的古树名木组织开展专业养护。专业养护主要包括围栏设置、地上环境整治、树体预防保护、土壤改良、树冠整理、有害生物防治、树体修复、树洞处理、施肥、根系复壮、树体加固、树干熏蒸、倒伏树体处理、靠接、气生根牵引落地等措施。

河南省登封市嵩阳书院大将军柏　约 4500 年（刘黎白　摄）

重庆市秀山县乌杨村　约200年

第六章
古树名木保护轶事

　　树滋养着人，人呵护着树。人与树的故事，其实就是人与自然和谐相处的故事。

01 习近平与正定古槐

　　1982年初春的一个上午，一辆绿色吉普车开进了河北正定县委大院。车上跳下一位高大的小伙儿，身着褪色军服，背着简单行囊。这位魁梧的青年，就是新来的县委副书记习近平。大院

河北省石家庄市正定县古槐 约600年（武志伟 摄）

门口的老槐树，树干沟壑纵横、苍劲有力，清新的绿叶散发着浓郁的清香，吸引了习近平的目光。之后的一次座谈会上，习近平问大家：县委门口的两株槐树树龄是多少？人们习惯了纳荫乘凉，却从没想过探究它们的树龄。习近平提出请林业专家鉴定。随后，省林业部门的专家对这两棵槐树进行测算鉴定后得知：它们竟然是明洪武十年修复真定府署时所植，已有 600 多年的历史。

从县委大院门口的两棵古槐开始，习近平让县林业局开展全县古树普查。经查，全县共有百年以上古树 43 株，树龄最长者已有 1400 余年。

1982 年 11 月，正定县公布了古树名木的名单，统一在古树周围做了栏杆和标牌，提示大家爱惜和保护。目前，这棵元末明初栽种的古槐树在正定县政府前的绿地广场上，仍然枝繁叶茂，见证着正定这座古城的过去和未来。

河北省石家庄市正定县古槐　约 600 年（武志伟　摄）

02 改路建园护古柏

　　在现代城乡建设中我们经常会看到这样的情形，一条马路、一组建筑、一个大型文娱项目建设，遇到古树名木"让路"，甚至重新规划，虽增加了一定的规划和建设成本，但意义重大，这就

是老百姓常说的"改路不挪树"。北京密云的"九搂十八杈"古柏就是这样一棵"幸运树"。

在北京密云东北部新城子村松曹路路西一块5米多高的台地上，巍然屹立着一株参天巨柏，为一级古树，树龄约3500年。主干胸围8.2米，在距地面2米处开始分枝，18根大枝撑起庞大的树冠，

北京市密云区"九搂十八杈"古柏　约3500年
（傅军叙　摄）

东西冠幅 17.4 米，南北冠幅 25.3 米，平均冠幅达 21.3 米，被称为"九搂十八杈"。按照《〈北京市古树名木保护管理条例〉实施办法》，古树名木应以树冠垂直投影之外 5 米为界划定保护范围。但是，"九搂十八杈"的树冠，已经探出东侧护坝，与松曹路

重合，现有台地面积局促，导致古柏的保护范围受限，生长不良。为给"九搂十八杈"创造充足的生长空间，2021 年夏天，密云区相关部门将松曹路向东调整了 17 米，腾退出的土地空间全部交还给古树，并建成北京第一个古柏公园。

北京市密云区"九搂十八杈"古柏　约 3500 年
（密云区园林绿化局　供图）

03　拆房移基护木莲

湖北利川市毛坝镇新华村的巴东木莲是星斗山国家级自然保护区内的珍稀古树，胸围为 4.72 米，胸径 1.51 米，树龄高达 1700 年。经有关部门考证，它是世界上目前发现最古老的木莲，故被称为"巴东木莲王"。树木端庄挺拔，苍翠恬静，村民和游客都很喜欢这棵古树，大家常围坐在古树下，看书、聊天、发呆，或者绕着树转圈，最惬意的就是在古树下吃饭，巨大的树冠如撑开的大伞守护着大家。

村里一户张姓人家世代与古木莲树为邻，享受古树荫庇，同时也承担着古树守护之责。张建国便是其中一员，他从小就和弟弟、表亲们在木莲树下打闹，躲在树洞里捉迷藏。近年村里发展民宿，他凭着一身好手艺，用精心收集的老木料建起一栋木屋，就在建设初具规模时，有人提醒他：房子离古树太近，不利于古树健康生长。虽然很不舍，但看看从小陪伴着他的古树，张建国咬咬牙，硬是拆掉一间半屋子，把地基往后缩了 6 米，足有 70 多平方米。民心所向，政之所行，人与古树有着千丝万缕的联系，不仅有古树自身的重要价值，还有人们内心对古树的独特依恋情感，古树守着淳朴的人们，人们也保护着珍贵的古树。

湖北省利川市巴东木莲　约 1700 年

浙江省舟山市普陀鹅耳枥　约440年（陈斌·摄）

浙江省舟山市普陀鹅耳枥
（陈斌 摄）

04 "地球独子"开枝散叶

浙江舟山普陀鹅耳枥为我国特有种，被列为国家一级重点保护野生植物，被发现时世界仅存1株野生植株，被誉为"地球独子"。自2000年开始，林业科研小组对普陀鹅耳枥进行持续研究，先后采取有性繁殖和无性繁殖双管齐下的方式推动扩繁和保护，为它营造一个特别的混交树林，提高普陀鹅耳枥的基因活性。虽然其种质资源培育和繁殖十分困难，但是科研人员从来没有放弃，曾安排普陀鹅耳枥种子搭乘"天宫一号"到太空进行繁育实验。经过我国科学家持续攻关，目前，全国已育有普陀鹅耳枥苗木3万多株，"地球独子"终于开枝散叶，不再孤单。

广西壮族自治区桂林市全州县南酸
枣树 约800年（蒋超纪 摄）

05 "天价诱惑"不动心

广西桂林市全州县才湾镇的毛竹山村多是同宗王姓。据王氏族谱记载，王姓族人建村时，南酸枣树就长于后山，受到村民世代崇敬、保护，至今枝叶茂盛。村民介绍，20世纪90年代，有客商发现了毛竹山这棵800年的南酸枣树，开出40万元人民币的高价，挨家挨户游说村民。在那个万元户还很稀少的年代，面对"天价诱惑"，大多数村民难免心动。当时，村里德高望重的长者王林修站出来说，"古树数百年守护村子，是老祖宗留下来的无价之宝。钱以后可以慢慢赚，古树一旦卖掉，再多钱也买不回来"。几年前，王林修老人已作古，但他劝服村民保留下来的古树至今仍护佑着村庄。

2021年4月25日，习近平总书记考察广西全州县的红军长征湘江战役纪念园后，来到毛竹山村这棵南酸枣树下。习近平总书记看了又看说："我是对这些树龄很长的树，都有敬畏之心。人才活几十年？它已经几百年了。"毛竹山村这棵800年的南酸枣古树，承载着一代代村民的乡愁记忆，是新时代推进生态文明建设、促进乡村振兴的见证者。

广西壮族自治区桂林市全州县南酸枣树 约800年（雷超铭 摄）

广西壮族自治区桂林市全州县南赋
枣树 约800年（雷超铭 摄）

06 从"大树叶"到"茶树鼻祖"

重庆南川德隆镇茶树村有一株 2700 多年的古茶树，被誉为"茶树鼻祖"。故事要追溯至 40 多年前。当年，西南大学茶叶研究所所长刘勤晋带队在南川考察茶叶资源。考察临近尾声，听说南川人习惯喝的"干劲汤"，主要原料来源于一种被当地人称为"大树叶"的高大乔木。长年从事茶叶研究的刘勤晋意识到，"大树叶"极有可能是一种珍稀乔木茶品种。乘车再步行，刘勤晋一行辗转 10 余小时到达海拔近 1500 米的兴星村（如今的茶树村），发现了数量众多的古茶树。在刘勤晋的推动下，南川成立了专门团队，对辖区内的古茶树进行全面摸底调研。在全区范围发现 1.9 万多株古茶树，其中 1.7 万多株生长在德隆镇。西南大学茶叶研究所围绕南川古茶树选种育种，持续开展基础研究，为南川金佛山古树茶开发与利用打下坚实基础。一片"大树叶"逐步成长为年产值 1.5 亿元的茶产业，并建立了茶博物馆。以前，古树茶只是当地人眼中不值钱的"大树叶"，德隆镇更因为"高穷边远"而被称

重庆市南川区茶树鼻祖 约2700年

为"南川高原"。今天，古树茶，茶香浓郁、唇齿留香。南川出产的古树茶甚至已走出国门，远销新加坡、美国等东盟及欧美市场。依托"茶树鼻祖"、茶博馆推动"茶文旅"融合发展，培育

特色民宿、农家乐 77 家，年接待游客近 20 万人次，实现旅游综合收入 3000 余万元。古树茶产业正逐步成为德隆镇富民增收、助力乡村振兴的支柱产业。

重庆市巫溪县老鹰茶古树群
约 120 年（王强　摄）

07 "世界柏树王"吸引八方来客

在西藏林芝市巴宜区的世界柏树王景区生长着大约 1000 株巨柏树。其中，千年以上柏树 396 棵。在古柏林中央，有一株高 57 米的巨柏，树龄距今 3200 余年，胸径 5.8 米多，需 12 个成年人合围才能抱住它，有"世界柏树王"之誉。1982 年，经西藏人民政府批准成立自治区级柏树林保护区。为了更好地对这片古巨柏林进行保护，帮助当地发展旅游业，广东省曾援助 360 多万元在"世界屋脊"建立"世界柏树王园林"，修建通往巨柏林的高等级公路、林中曲径、娱乐亭以及生态保护设施等。目前，这处柏树王园林已全面对游人开放，成为西藏又一处具有高原自然风光的特色旅游新景点。2019 年，柏树王荣获上海大世界基尼斯纪录；2020 年，世界柏树王园林成功创建国家 4A 级景区，不仅丰富了巴宜区文旅板块产品融合，同时助推了巴宜旅游的高质量发展，以全新姿态迎接八方来客。

西藏自治区林芝市巴宜区世界柏树王　约 3200 年

西藏自治区林芝市巴宜区世界柏树王　约 3200 年

08　张爱萍将军护树

1983 年 5 月 15 日，时任国务委员、国防部部长张爱萍将军一行到绵阳考察。5 月 18 日，张爱萍将军一行在四川省顾问委员会主任、四川省委前书记谭启龙等人陪同下，对长卿山进行了实地勘察，并乘兴参观了七曲山大庙。在详细了解七曲山大庙的来龙去脉后，张爱萍将军非常高兴地为文昌宫题写了"开物成务"的匾额。随后沿国道 108 线对翠云廊古柏进行了考察，并题写了"翠云廊"。张爱萍将军在梓潼参观考察时诗兴勃发，就地填词一首书赠朋友：

《清平乐·和能宽同志游七曲山》

一九八三年五月十八日，

劫后相见，兴来同游古殿。

晋柏宋鼎细细看，同人无不称赞。

石坨七曲盘桓，脚下潼水九湾。

满眼丰收美景，巴山却话草原。

张爱萍书赠能宽同志雅正

一九八三年五月廿一日长卿山

　　离开梓潼后，张爱萍将军仍念念不忘这里的事和曾在梓潼工作过的人们，指示四川省迅速治理危害七曲山古柏林和翠云廊古柏生存的虫灾，并要求当地政府认真保护好这些古柏。此事在梓

潼传为佳话。梓潼林业和旅游部门的人们都说，梓潼前有蜀汉张飞植柏表道，今有张爱萍将军护树，梓潼古柏很幸运。

四川省绵阳市梓潼县七曲山古柏林　平均树龄约274年

四川省绵阳市梓潼县七曲山古柏林 平均树龄约 274 年
（李奉鑫 摄）

第七章
古树名木保护新模式

古树名木是珍贵的大自然遗产，是"有生命的文物"。古树保护为人民，古树保护靠人民。人与自然和谐共生的古树保护理念在实践探索中出现很多创意性的路径模式，使古树文化在城市更新及和美乡村建设中得到更好的传承。

01 古树名木建档

古树名木建档是古树名木保护工作的前提。根据古树名木资源普查结果，开展古树名木认定、登记、建档、公布、挂牌等基础工作，对新发现的古树名木资源，应及时登记建档予以保

重庆市荣昌区黄葛树古树群 平均树龄约300年（李建友 摄）

护。在做好纸质档案收集整理归纳的基础上，要充分利用现代信息技术手段，按照"一树一档"要求，建立古树名木图文档案和电子信息数据库，对古树名木资源状况进行实时动态管理。如福建永泰县通过"永泰县古树名木"网络平台的建立，为古树名木逐一"落户口"、配发"身份证"、设立保护牌。公众通过扫描保护牌上的二维码，即可了解每株古树名木的基本信息、认养单位、责任法官以及投保信息等，做到"一树一码一人一责"，提高了古树名木的保护效率。

通过古树名木资源普查，可以形成完整齐全的资源档案，建立全国统一的古树名木资源数据库；建立古树名木定期普查与不定期调查相结合的资源清查制度，实现全国古树名木数据库的动态管理；建成全国古树名木信息管理系统，可以实现古树名木精细化、系统化管理。

重庆市荣昌区黄葛树古树群　平均树龄约300年
（李建友　摄）

02 古树名木认养

在互联网时代，古树名木的保护与管理不仅可以躬耕"在地上"，还可以认养"在云端"。各地相关部门依托"互联网＋全民义务植树"项目，开展古树名木认捐认养活动，市民可以选择劳动尽责形式，线上预约古树名木抚育、管护活动，也可以选择捐资尽责形式，通过为特定的古树名木线上捐款实现尽责。募集资金用于古树名木的保护和复壮，已成为一些地方的热门活动。如广西上线"我为古树名木送温暖"网络募捐项目，募集资金120多万元；浙江定海以"认养古树 情定古城"为主题，引导社会公众认养古树，出现300多人摇号竞争认养35株古树的情况；广东绿美广东古树认捐项目中，首批企业和个人认捐古树115株，认捐金额达1690万元；福建推出"互联网＋全民义务植树——古树名木认养项目"，已有4583株古树名木被认养；湖南省在"蚂蚁森林"上线古树保护公益项目，已上线岳麓山古树60株，超过1500万人次参与支持，吸引第三方公益资金65万元用于古树名木保护工作。

广东省高州市贡园荔枝　约800年

　　开展古树名木捐资认养项目，广泛动员社会力量关注古树名木保护，有利于提升社会公众古树名木保护意识，营造人人爱护古树名木、共建共享生态文明的浓厚氛围。不仅实现了古树名木保护管理的线上、线下融合，还可汇聚全社会爱绿、植绿、护绿的力量，是生态保护与市场创意相结合的创新成果。

03 古树名木保险

古树名木保险作为社会主义市场经济条件下古树名木风险管理的基本手段，能充分利用金融工具，为古树名木的管理和养护提供有力经费保障，分担极端气候频发造成的古树名木折枝、断裂、倒伏等风险。如 2019 年超强台风"利奇马"以及 2021 年强台风"烟花""灿都"导致上海市不少古树受灾。

2022 年，湖南省林业局与中国太平洋财产保险股份有限公司湖南分公司签订协议，为全省7885 株现存一级古树和名木统一购买了为期一年的商业保险。在保险期间，保险公司将对因意外伤害、气象灾害、地质灾害、病虫害等事故造成树木无法正常生长、需要保护救治的情况进行赔偿，同时对上述原因导致第三者人身伤亡和财产损失的情况进行赔偿，合计风险保障达 6.4 亿元。

2024 年，贵州省为全省 13 万多株古树名木购买保险，投保金额 850 万元。除公众责任险外，还将古树名木抢救复壮纳入保险，拓宽了"医保"保障目录，实现了全省古树名木"医保、第三险"兜底保护。

湖南省桑植县闽楠　约510年

广西壮族自治区柳州市红军樟　约1300年

04　古树名木司法

我国古树名木保护已经纳入《宪法》《森林法》《环境保护法》《城市绿化条例》等法律体系。全国各地正在探索打通涉林行政执法与司法审判之间的"壁垒"，推动林长制与生态司法保护有机融合。

重庆市第三中级人民法院制订出台《加强古树名木司法保护六条措施》，围绕建立古树名木司法保护台账、建立古树名木司法守护人制度、严惩危害古树名木违法犯罪行为、及时联动抢救涉案古树名木、充分挖掘古树名木背后的历史人文价值以及加强古树名木保护法治宣传工作六个

方面，建立辖区内古树名木司法保护工作机制。2024年，浙江省杭州市临安天目山国家级自然保护区成立首个"古树名木司法保护基地"，为古树名木撑起"保护伞"。

近年来，为深入学习贯彻习近平生态文明思想和习近平总书记"要把古树名木保护好，把中华优秀传统文化传承好"重要指示精神，我国各地法院联合公安系统、林草系统，共同开展古树名木"司法守护人"活动，为重要古树发出法院《古树名木司法保护令》，同时开展"以案说法"的普法宣传，进一步提升了全民的环境保护意识和爱树护树情怀。

福建省福州市永泰县古银杏村　约1410年

05　古树名木树长（树长制）

树长制是按照属地管理、分级负责原则，实行"一树一人"保护模式，对古树名木落实管护单位和具体管护人，建立县、乡、村等多级组织体系，形成责任明确、落实有力、绩效评价、长效监管的工作机制。这一制度是古树名木保护工作的创新举措，也是林长制工作走深做实的重要内容。

在具体实施上，树长制通过建立不同级别的"树长"体系来负责古树名木的保护工作。安徽1981年首创迎客松"守松人"岗位，建立迎客松树长制工作体系，形成"专职守护、定期监测、专家咨询、应急应对、科学管护"保护体系，目前已是第19任守松人。四川广元在树长制工作中，一是建立"树长制"组织领导机制，制定《树长制运行

规则》《树长巡林工作制度》《树长制信息制度》《树长制工作督查制度》《树长制工作考核办法》五项制度，分级设置树长和网格员，并划分不同责任片区和责任段，促进严格履职、规范运行和长效管理；二是建立"一树一档一策"分级管理和管护复壮机制，明确古树名木保护任务，精准核查识别，科学分级管理，落实保护措施，增强基础建设，强化救护复壮；三是建立"共建共治"依法治林机

制，聚焦蜀道翠云廊古柏群保护，先后制定《广元市剑门蜀道保护条例》《剑阁县翠云廊古柏自然保护区管理办法》等一系列规定和办法。将蜀道古柏资源保护纳入公益诉讼，召开蜀道古柏资源保护公益诉讼联席会议，构建"司法合作、区域同管、县乡共治"的司法监督机制。四川剑阁县健全蜀道古柏离任交接制度，继承和弘扬"交树交印"传统，构建全覆盖古柏保护责任体系。在四川剑阁县树长

四川省广元市剑阁县翠云廊古柏林
平均树龄约660年（荀永雄　摄）

制工作中实施四级树长制，县级由县委书记、县长担任"树长"，乡镇级由党委政府主要负责同志担任"树长"，村（社区）级由党组织负责人担任"树长"，而网格员则作为最基层的"树长"。这些"树长"负责领导和组织完成古树保护和合理开发利用，预防和处置森林灾害，建立源头管理体系，以及森林资源保护发展网格化管理等具体工作。通过这种分级负责的机制，树长制在四川剑阁等地成功实施，为蜀道古树的保护提供了有力的组织保障和制度支持。这种制度不仅有助于提高古树名木的保护水平，还促进了人与自然和谐共生，是林业资源保护和生态建设领域的一种有效尝试。

安徽省黄山市黄山迎客松　约1000年

06 古树名木主题公园

古树名木主题公园作为城乡绿色空间中的生态名片，守护着一方风土人情。威严挺拔的古树名木，散布于城市和乡间，作为有生命的时空地标，是城乡人居环境建设的重要景观资源。近年来，全国各地不断探索古树名木保护在人居环境建设中的新理念、新路径，创新实践古树名木及其生境的整体保护模式，提出古树名木主题公园的新模式。如北京昌平区在对古树名木进行常规体检、开展抢救复壮等工作的基础上，探索对古树本体及其生存环境进行整体保护的新模式。2022年，在南口镇檀峪村建成古青檀主题公园，在三株古青檀树周围，由古青檀树天然落种生出若干株小青檀树，祖孙几代其乐融融，组成了名副其实的古檀家族，并建成"青檀密语""古峪系檀""望龙祈福""梦回檀影"四处景观，让游人能够全方位欣赏古树风貌，身临其境聆听古树神奇故事。

北京市昌平区古青檀公园

　　为了让每一棵古树名木"老有所依"，近年来，广东多措并举深入实施古树名木保护提升行动，因地制宜建成特色古树名木公园179个，促进古树名木与历史人文、城乡基础设施和谐共存，以别样的方式留住了绿美广东的乡愁记忆。

　　以古树名木为核心资源建设古树名木主题公

辽宁省抚顺县古榆树　约500年（潘大为　摄）

园，不仅有利于古树名木资源的保护和利用，还能赋予古树名木新的价值，传播古树名木历史文化，发展生态体验、生态教育旅游，带动周边经济发展。据报道，四川省眉山市洪雅县柳江古树公园、丹棱县夫妻银杏古树公园、蟆颐观古树公园每年可吸引游客约50万人次。

除古树公园外，一些地方还在积极探索古树保护小区、古树社区、古树街巷、古树村庄、古树庭院、古树校园、古树博物馆等新型保护模式，助力古树名木保护。挖掘古树名木的生态景观、历史文化、乡愁传承功能，推动古树名木资源与生态旅游融合，不仅让古树名木"焕新""复春"，更使其价值得到转化提升。

福建省霞浦县黄连木古树群 平均树龄约 480 年
（郑培睿 摄）

07 古树主题游线

2023 年，北京市结合古树观赏特性，以文化为线索，依托线上、线下多种形式，在春、夏、秋、冬四季先后推出 14 条古树主题游线。春季游线突出观花古树，推出中轴线、文化探访路、皇

巍巍长城 蠱蠱古树

家御路以及长城戍边城堡四大主题游线。夏季游线以"红色文化"为主题，推出"熠熠奋斗史""漫漫求索路""铮铮不屈骨""泱泱华夏情"4条夏季红色主题古树游线。秋季游线强调北京秋季缤纷的彩叶古树，推出"秋之彩－登高""秋之意－祈福""秋之乐－游园""秋之韵－迎秋"4条游线。

冬季游线突出赏古蜡梅和优美树形的古树，推出"冬日限定"古树游线两条，分别为"梅香玉树"和"银装树裹"古树主题游线。这些古树在四季展示出的不同风貌各具魅力，将古树的多重景致融入古都风韵，展示出了生态之美、文化之魅。

昌平区、怀柔区、密云区

图书在版编目（CIP）数据

中国古树名木.上/国家林业和草原局生态保护修复司，国家林业和草原局宣传中心编.--北京：中国林业出版社，2024.5

ISBN 978-7-5219-2677-4

Ⅰ.①中… Ⅱ.①国… ②国… Ⅲ.①树木–中国Ⅳ.①S717.2

中国国家版本馆CIP数据核字（2024）第077445号

撰　　稿：张维妮
策划编辑：何蕊
责任编辑：杨洋
图片提供：《国土绿化》杂志社
封面设计：北京五色空间文化传播有限公司

出版发行：中国林业出版社
　　　　　（100009，北京市西城区刘海胡同7号，电话010-83143580）
电子邮箱：cfphzbs@163.com
网　　址：https://www.cfph.net
印　　刷：河北京平诚乾印刷有限公司
版　　次：2024年5月第1版
印　　次：2024年5月第1次印刷
开　　本：787mm×1092mm　1/32
印　　张：3.875
字　　数：60千字
定　　价：35.00元